Malabarismos

por Flora Sánchez
ilustrado por Barry Gott

HOUGHTON MIFFLIN   BOSTON

Printed in Mexico

ISBN 10: 0-618-93145-7
ISBN 13: 978-0-618-93145-3

123456789 RDT 16 15 14 13 12 11 10 09 08 07

Jerry quería hacer malabarismos con 12 pelotas.

Clara le lanzaba las pelotas una a una. Jerry hacía malabarismos con todas las pelotas.

¿Con cuántas pelotas hace él malabarismos?

Pero se le cayeron 5 pelotas.
Jerry no se dio por vencido.

¿Cuántas pelotas tiene Jerry en el aire?

—¡Clara! —dijo Jerry—. ¿Puedes lanzarme más?

—Aquí van —dijo Clara.

Le lanzó 2 pelotas a Jerry.

¿Cuántas pelotas tendrá Jerry en el aire?

Jerry lo hacía bien. De pronto,
se le cayó 1 de las pelotas.

¿Cuántas pelotas tiene ahora en el aire?

En un abrir y cerrar de ojos,
Clara le lanzó 1, 2, 3 pelotas.
—¡Bien hecho! —exclamó Clara.

¿Cuántas pelotas tiene Jerry en el aire?

—Aquí hay una más —dijo Clara.

Le lanzó la pelota a Jerry.

—¡Lo conseguí! —exclamó Jerry.

Luego se le cayeron todas las pelotas.

Jerry y Clara no podían parar

de reírse.

¡Ay!

Dibuja

Comparar y contrastar Mira la página 3. Usa un crayón rojo para dibujar las pelotas con las que Jerry hace malabarismos. Usa un crayón azul para dibujar las pelotas que se le cayeron.

Comenta

Mira la página 3. Di cuántas pelotas se le cayeron a Jerry. Di con cuántas pelotas todavía hace malabarismos Jerry.

Escribe

Mira la página 3. Escribe el número de pelotas que hay en total.